筑境

中国精致建筑100

赣南围屋

万幼楠　撰文/摄影

中国建筑工业出版社

出版说明

中国是一个地大物博、历史悠久的文明古国。自历史的脚步迈入新世纪大门以来，她越来越成为世人瞩目的焦点，正不断向世人绽放她历史上曾具有的魅力和光辉异彩。当代中国的经济腾飞、古代中国的文化瑰宝，都已成了世人热衷研究和深入了解的课题。

作为国家级科技出版单位——中国建筑工业出版社60年来始终以弘扬和传承中华民族优秀的建筑文化，推动和传播中国建筑技术进步与发展，向世界介绍和展示中国从古至今的建设成就为己任，并用行动践行着“弘扬中华文化，增强中华文化国际影响力”的使命。从20世纪80年代开始，中国建筑工业出版社就非常重视与海内外同仁进行建筑文化交流与合作，并策划、组织编撰、出版了一系列反映我中华传统建筑风貌的学术画册和学术著作，并在海内外产生了重大影响。

“中国精致建筑100”是中国建筑工业出版社与台湾锦绣出版事业股份有限公司策划，由中国建筑工业出版社组织国内百余位专家学者和摄影专家不惮繁杂，对遍布全国有历史意义的、有代表性的传统建筑进行认真考察和潜心研究，并按建筑思想、建筑元素、宫殿建筑、礼制建筑、宗教建筑、古城镇、古村落、民居建筑、陵墓建筑、园林建筑、书院与会馆等建筑专题与类别，历经数年系统科学地梳理、编撰而成。本套图书按专题分册，就其历史背景、建筑风格、建筑特征、建筑文化，结合精美图照和线图撰写。全套100册、文约200万字、图照6000余幅。

这套图书内容精练、文字通俗、图文并茂、设计考究，是适合海内外读者轻松阅读、便于携带的专业与文化并蓄的普及性读物。目的是让更多的热爱中华文化的人，更全面地欣赏和认识中国传统建筑特有的丰姿、独特的设计手法、精湛的建造技艺，及其绝妙的细部处理，并为世界建筑界记录下可资回味的建筑文化遗产，为海内外读者打开一扇建筑知识和艺术的大门。

这套图书将以中、英文两种文版推出，可供广大中外古建筑之研究者、爱好者、旅游者阅读和珍藏。

目录

赣南围屋

围屋，顾名思义即围起来的房屋。其外墙既是每间房子的外墙，也是整个房屋的围墙；它的大门额上一般有某某围的题名。如龙光围、衍庆围、磐安围等，故有是称。当地人也多有称“水围”者，“水”当为“守”之音转，是从其功能特点上命名。也有的将之与村围及有坚固围墙的民居，统称为“土围子”或“围子”。

20世纪30年代初，国共两党在赣南大地上，展开了一场激烈的大角逐，具有当地民居特色的围屋，成为双方争夺的据点。

四十年后的“文革”期间，尚流行将被批斗者的顽强，形容为“顽固得像土围子”。然而，作为在那场战争中有过一定影响作用的围屋，却并没有引起治近现代史学者们的重视；而作为传统建筑中有鲜明特色的围屋民居，也只是近年来才引起人们的注意。

赣南，即今江西南部、现属赣州地区所辖的18个县市，古代划分为赣州府、南安府和宁都直隶州。这个地区位于赣江上游，地形如同一个“U”字，地势周高中低，平均海拔约500米，往北流的赣江及其支流，几乎贯穿全境各县。地域东靠武夷山与闽西的龙岩地区和三明市相连；西傍罗霄山脉同湖南的郴州地区相接；南横五岭和粤东北的梅州市、河源市和韶关市相邻；北倚本省的吉安和抚州两地区。面积约四万平方公里。民谚称：“七山一水一分田，还有一分是道亭”。

图0-1 围屋大门门额

围屋大门门额上一般题有围名。龙南桃江乡龙光围，通体用花岗岩巨条石垒砌，平面为“卐”字形，为围屋中之罕见。围屋长50.7米，宽47.3米，高两层6.9米，炮楼高三层9.6米。创建于道光末年。

图0-2 定南鹅公乡新围

赣南界四省之交，地大山深，盗贼蜂起，政府鞭长莫及。险恶的自然环境，激烈的社会矛盾，迫使赣南人聚族群居，并构筑这种充满军事色彩的居所——围屋。

赣南形胜，史称："处江右上游、地大山深，疆隅绣错，握闽楚之枢纽，扼百粤之咽喉"；"南抚百越，北望中州"；"然山僻俗悍，界四省之交，是以奸宄不测之徒，时时乘间窃发，叠嶂连岭，处地既高，俯视各郡，势若建瓴"。因此，宋元以来，这里就是块不安静的骚土，小乱不断，大乱必有份，"自古以来，江右有事，此兵家之所必争"。故元代一度设"赣州行省"，辖江西、广东、福建，明后期设"都御使"巡抚赣闽粤湘交界的"八府一州"；清季设"赣南道"。这种险恶的生存环境，也就成了围屋发生发展的温床。

赣闽粤边是客家人的主要聚居地，赣南有客家民系形成"摇篮"之称。中古时，中州丧乱，大量中原汉人涌入赣南闽西，至宋元间，便形成了一个独特的汉民系——客家。此后，客家继续南迁，明清时由于闽粤客家人口膨胀，导致更大范围的四出播迁，其中便有一支劲旅就近又回迁入赣。赣南现有人口700余万，其中客家人约占90%，而其中大部分又是自闽粤返迁到赣南的那部分客家人的后裔。

因此，赣南围屋是客家文化的组成部分之一，它与闽西南的土楼、粤东北的围拢屋和炮台民居有千丝万缕的关系，是属于同一建筑文化圈的不同类型。

图0-3 尊三围残迹

1933年，尊三围毁于战火。图为尊三围遭焚毁后的残迹。这些残垣断壁都是用河卵石和三合土浇筑成的坚实墙体，现与杂草共处，仿佛在默默地向人们诉说它那段悲壮的历史。

a

b

一、古堡遍野，炮楼林立

赣南围屋，主要分布在龙南、定南、全南县（地方习称“三南”），以及寻乌、安远、信丰县的南部，大致恰好分布在江西南端嵌入粤东北的那部分版图。此外，在石城、瑞金、会昌三县分布有少量小土楼和零星围屋；于都、宁都和兴国三县交界处流行村围。所谓村围，即将整个村庄都包裹在内的围，可分两种形式：一种是用围墙包围，姑称之“围子”；另一种是用围屋包围，此可归入围屋类。二者的区别在于：围屋一般是由某一位财主策划、统一布局设计而建的，围内居民都是他一人的后裔，因此，构造较精工、整体性能好；围子则往往是先已有一个同宗的自然村，后来由于安全的需要，而聚族捐资出力做起的环村之围。因此，它面积大，平面一般呈不规则形，围内建筑较杂乱无章，炮楼、门楼根据需要而定。

图1-1 围屋群

龙南县往往一个较大的山谷村庄，便有七八座围屋，给人以“古堡遍野 炮楼林立”的感觉。图为龙南杨村乌石村的围屋群，中间那个围拢屋式围屋是“盘石围”，又称“老围”。周围几座围是其后代建的“新围”。

图1-2 村围门楼及风水树

村围往往是先有一个同宗自然村，后因安全的需要，而集资共建的，因此，它面积大，但建筑杂乱无章，图为龙南武当乡岗上村的一个村围门楼及其风水树。

围屋以龙南县最具代表性，也最为集中。据不完全调查统计现存围屋有200余座。像杨村、汶龙、武当等乡镇，往往一个较大的山谷村庄，就有七八座围屋，抬头望去，但见炮楼耸立，枪眼刺目，令人悚然。围屋的形式也有多种，除方形为最普遍外，其他还有半环形、八卦形和不规则形的。在材料上既有三合土、河卵石构筑的，也有青砖、条石垒砌的。在规模上，差异很大。最大的如关西新围；最小如里仁新围，俗称“猫柜围”形容其小如养猫之笼。比较典型的围屋有关西新围、杨村燕翼围、桃江龙光围、武当田心围等。

定南县几乎各乡镇均有围屋，但较零散，精品少。大多采用生土夯筑墙体，为了防雨淋，所以屋顶用悬山式，这在别县是少见的。较典型的如鹅公田心新围、龙塘胜前围，下岭八乐排围等。全南县围屋基本上是利用河卵石垒砌墙体，大部分在围屋顶上四周还砌有女

图1-3 围拢屋前之碉楼

寻乌县属于珠江水系，历史上主要受粤东文化影响。因此，这里多见围拢屋。这座围拢屋前的碉楼，当地人称“炮台”。当遭到兵匪侵扰时，他们便举家躲避进去。

图1-4 赣南围屋分布示意图

赣南围屋，主要分布在龙南、定南、全南，以及寻乌、安远、信丰县的南部，大致恰好分布在江西南端嵌入粤东北的那部分版图。

墙，四角炮楼顶层辟门通往女墙，以利战时防卫攻击，这也是别县所少见的。典型围屋有中寨里场围，乌桕坝江东围，龙年坝围等。安远县围屋主要分布在以镇岗、孔田为中心的南部各乡镇，现存约有一百余座。典型围屋有镇岗东生围和磐安围、孔田丹林围等。信丰县围屋较破残，主要分布在小江乡。寻乌县属珠江水系，历史上受广东梅州文化影响较大，因此，这里南部乡镇流行围拢屋民居。但许多是围拢屋式的围屋，即中部是个四隅有炮楼的围屋，后部是半圆形的围拢间，前部是半圆形的水塘。赣南围拢屋式围屋与粤东围拢屋最大的区别是：有炮楼和两层以上楼房。

图1-5 民居群中之炮台/前页
这座民居群中的炮台，高六层，约20米，墙体用三合土夯成，四角用巨条石砌筑。是寻乌中和乡古氏宗族战乱时的依托和保护神。

以上各县围屋，估计现存总数量在500座以上。此外，寻乌县还有部分炮台民居，为别县所不见，当可视为广东文化影响的边缘；石城、瑞金县紧邻福建，其少量小型土楼，是属闽西土楼文化影响的末端；宁都、于都、兴国的村围，多属围子性质，可能为中原堡子民居文化影响的强弩之末。

图1-6 猫柜围
里仁新友村的新围，是赣南围屋中最小的围屋，它每边面阔仅三开间，住一户人家。因此，当地人戏称之为“猫柜围”——形容其小如养猫之柜。

二、冷峻的外貌，坚固的结构

典型的围屋，平面为方形，四角构筑有朝外凸出一米左右的炮楼（碉堡），外墙厚在0.8至1.5米之间。围屋外观高二至四层，四角炮楼仅高出一层。外墙上均不设窗，但在顶层楼上设有一排排枪眼，有的还设有炮孔。屋顶多为砖叠涩出檐的硬山式。整个外形没有多少变化，仅以其巨大的尺度、冷峻的外貌，完善的防御体系，固若金汤的结构，使人感到它的威慑力，并产生压抑感。

赣南围屋与闽西土楼最大的区别是，围屋有向外和向上凸出的炮楼。这些炮楼形式多样，除四角建堡外，也有对角建的，少数还有在墙段中部建的，如同城墙之马面。还有一些炮楼不落地，而是抹角悬空横挑，也有的在炮楼上抹角再建悬挑的小碉堡，另有一些则只朝外凸出而不往上凸出。其功用显然是为了便于警戒和打击已进入围屋墙根及瓦面上的敌人。因此，较诸土楼避免了单纯的被动防御，消灭了死角，使防卫功能趋于完善。

图2-1 华三围

安远孔田乡华三围，因属兄弟合建，同一祖先，因此，围内既分且隔，只建一个祖堂设在兄长这一边。外部也与一般围屋不同，它在两角堡之间，还设有一炮楼，如同城墙之马面。

a 俯视

b 侧视

c 细部

图2-2 依山傍水的沙坝围俯视及侧视和细部

炮楼耸立、枪眼扎目，俨然军事设施，远远使人感到一种威慑力。图为依山傍水而建的沙坝围，围旁是县城至关西乡的公路。

图2-3 东生围侧面

围屋外观形象，没有多大变化，仅以其巨大的尺度，冷峻的外貌，完善的防御体系，固若金汤的结构，使人产生压抑感。图为安远县镇岗乡东生围侧面。

围屋外墙厚大，多在1米以上，所用建筑材料十分丰富。如砖墙、石墙（包括巨条石，片石，河卵石）、土墙（包括夯筑黏土、三合土、土坯砖）均有应用。其中最具地方特色、并十分别致的是用河卵石砌筑的围屋。山区多小溪、溪流多卵石，因地制宜，就地取材，这对并不富足的山区居民来说是十分经济的。河卵石都是些经过长年磨滚出来的石头，石质坚密。这些大小不一既圆且滑的顽石，在工匠精湛的手艺下，都乖乖壁立起来，成为建围的优质材料，而且还具有重复使用性（拾起坍塌老围子的卵石又可再建新围屋）。河卵石不仅大量用于砌墙，且广泛用于铺砌围屋内的散水、露天过道、门坪等，且多拼成各种花纹图案、融工艺性、实用性（耐磨、防滑、吸水）于一体，成为一大特色。一般用砖石料垒筑的墙体，为了节省材料，大多采用俗称为“金包银”的砌法。即三分之一的外皮墙体用砖或石砌，三分之二的内面墙体则用土坯或夯土

图2-4 丹林围金包银墙

围屋外墙厚均在一米左右，为了节省优质材料，一般由两部分建材组成，外皮用砖石垒砌，约占墙体厚的三分之一，另三分之二内墙则用生土筑成，当地人称此为“金包银”。图为安远县孔田丹林围金包银墙。

图2-5 河卵石砌墙体
河卵石砌垒墙体，是围屋民居的一大特色。山区多溪流，小溪多卵石，卵石都是些经累百上千年磨滚出来的石头，石质坚密。这些既圆且滑的卵石，在工匠精湛的砌艺下，都乖乖壁立起来，成为建围价廉物美的建材。

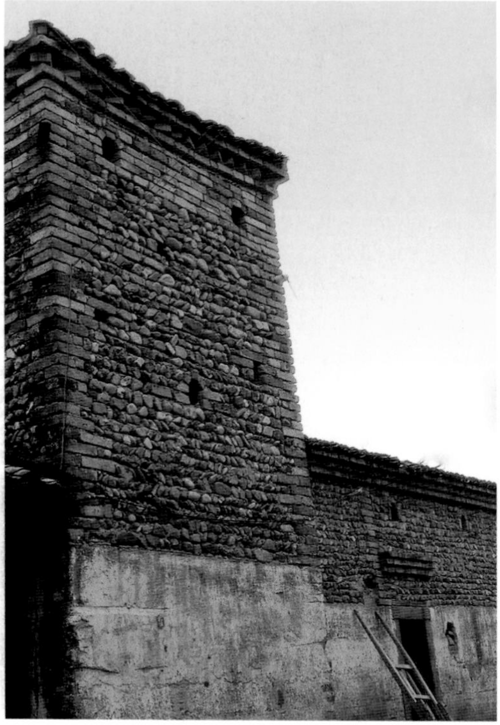

垒筑。但因砖石与生土质地不同，冷热胀缩不一，处理不当，往往易导致表层砖石墙体裂缝或剥塌。

坚厚的围墙，耸峙的炮楼、围门，便成了围屋的软腹。为了加强围门的防御功能，围屋设计者们可谓费尽了心机。首先，门的位置多设在近角处，使门纳入角堡的监护之下，一旦门破，也有利于围内人组织反击。其次，门墙特别加厚，门框皆由整料巨石制成，一般有三重门。第一道门为厚实的板门，板门上包钉铁皮，门后再置几道粗大的门杠，任你千斤之力也难以撞开。第二道门是自上而下的闸门，是备紧急情况下才使用的门。第三道门是平时

图2-6 围门的设置/对面页
坚厚的墙体，耸峙的炮楼，围门便成了围屋的软腹。因此，它一般设在近角处，由板门、闸门和便门三重组成，有的还有一道栅栏门。为防火攻，门框皆用巨石制成，门顶留注水槽。

喜
慶

使用的便门。此外，很多围屋在第一道门前，还备有一重自门框上伸出的栅栏门，俗称“门插”，以防大白天不逞之徒登堂入室。此况也反映了过去这一地区的险恶环境。为防火攻，许多围屋门顶上还设有水漏。除个别特例和少数大围屋外，围门只设一处。

三、战火不宁，铁血狂飙

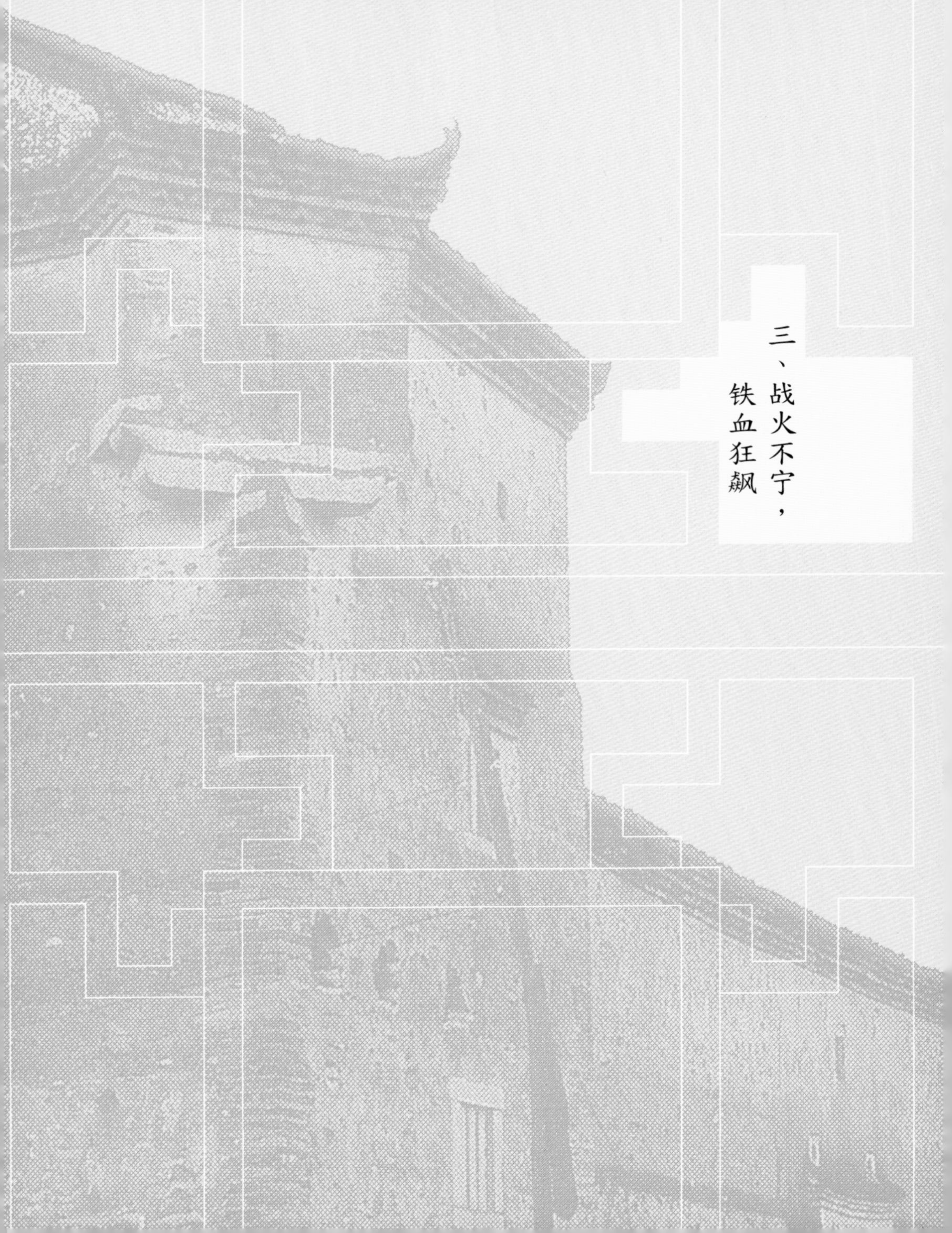

围屋是以强调防御功能为特点的民居。因此，它的产生发展跟强敌和战火有密切的关系。

赣南围屋大约产生于明末清初，主要盛行于清代中晚期，延续至民国初年。现知最早并有较可靠年考的围屋有三座：一座是根据族谱记载建于顺治五年（1648年）的“燕翼围”；另两座是关西的“西昌围”（当地称“老围”）和武当的“田心围”。这两座围分别有雍正九年（1731年）立的重修碑和乾隆二十七年（1762年）立的永禁碑，从其内容推测，也约为清初所建。也就是说赣南围屋的产生充其量可上溯至明代晚期。从围屋产生和盛

图3-1 围屋门插
险恶的生存环境，即使大白天，人们也心有余悸。为了防备不测之徒的偷袭，许多围屋在围门门框上，还设有一二道楞木栅栏门，习称“门插”。图为定南鹅公新围的门插。

行这一历史时期的背景看，根据清同治十三年版《赣州府志·经政志·武事》统计：自明正德元年（1506年），即明代后期至清同治十三年（1874年），这368年里，见于记载的兵燹便有148起。其中明正德至崇祯137年间34起，清顺治至嘉庆176年间31起，道光至同治53年间83起。这还不包括赣南当时属南安府和宁都直隶州所领县地的兵祸数。在这148起中，起源或波及"三南"、安远、寻乌一带围屋较多的兵火，就有92起，平均每四年就有一起。而在这一带边界山区盘踞出没的小股土匪，则还不知凡几。

图3-2 太平桥

杨村镇是赣南围屋最集中的乡镇之一，旧称太平堡。明朝王阳明在平三浰农民起义的废墟上设和平县，以为一方已太平。于是在杨村南三公里外建"太平桥"。图为清嘉庆年间重建的太平桥，它就像杨村的围屋一样，雄伟而又奇特。

明后期赣闽粤湘边农民起义，风起云涌，此起彼伏。《龙南县志》载："有明之季，奸宄不靖，兵燹蹂躏，几无宁岁。"为了加强对这一地区的军事镇压，明弘治十年（1497年）始，在赣州设都御使，巡抚赣州、韶州、汀州、郴州等四省交界的“八府一州”。前后派出了像王阳明、谭纶等这样的强臣名将任职，从事镇压。并在农民起义失败的废墟上相继建立了崇义、定南、长宁（今寻乌）及和平、平远等县。王阳明在《立崇义县治疏》中谓此为：“变盗贼强梁之区为礼义冠裳之地”；从这些县的命名看，也可嗅出其血腥味。到了清初，由于客家人强烈的民族意识，赣南发生了异常顽强的抗清斗争。号称太平盛世的“清三代”也不太平，滇闽粤“三藩之乱”的叛将均进入赣南，引起安插在赣南屯田原郑成功旧部将士的呼应以及其他投城官兵和民众的响应，于是，已经旷日持久的战火，又继续燃烧下去。道光以后，因列强的入侵、清政府的腐败无能，使各种矛盾进一步尖锐。赣南这块本来就不安静的骚土，又进入了持续百余年的铁血狂飙。太平天国的洪波贯穿始终，经久不息。

图3–3 客家妇女（李淳寿 摄）
客家妇女以吃苦耐劳、勤俭朴素而蜚声海内外，她们不仅要主持家务、教养孩子，而且同男人一样下地上山，肩负着建设家园、保卫家园的重任。

因此，赣南围屋现存数，约80%都是这一历史时期兴建的。

在回答为什么要住围屋时，围屋居民几乎是异口同声称："防匪盗"、"防兵乱"。据龙南杨村乌石村盘石围73岁的赖吉声老人介绍：1924年前后，土匪曾袭击该围，绑走男女壮丁40余人，北兵不敢干涉，南兵（指广东国民革命军）则出兵围剿夺回大部分人质，余人质以400块银圆一个，予以赎回。对此，有关碑刻和族谱也有记载。据于都马安乡《宝溪钟氏八修族谱》中的《宝溪围序》载："……况迩年来贼盗蜂起，举境仓皇，或匿迹于深山穷谷，或寄食于别邑他乡。受尽风霜，备历险阻；迨寇退返舍，则室如悬磬，糗粮尽为贼赍，衣物皆为匪攫，连年遇寇，累岁不安。于

图3-4 围屋的功能（李淳寿 摄）
明清以来，赣闽粤边农民起义此起彼伏，土匪盗贼出没无常。流民狼突、官兵侵扰、宗族械斗，使赣南大地上烽火连年，动荡不安，生灵涂炭。图为东生围住户在告诉我们：做围屋是为了"防匪盗、防过兵"。

图3-5 耀三围炮楼/后页
为了监视和打击靠近围屋墙根或爬上了屋面的敌人。围屋在四角建朝外和向上凸出的炮楼，但炮楼仍有死角，于是在炮楼上又抹角构筑一个单体小碉堡。图为龙南汶龙镇石莲村的耀三围炮楼。

是学琚始思固族之谋，讲求御侮之法。”围屋修成后，“从此日上三竿无惊，白发高眠长乐，一坊永保青山无恙矣!”此序所记建造围屋的原因颇具代表性。

此外，明代晚期以后，大量闽粤客家回迁赣南，激起新老客家间争夺生存空间的矛盾。因此，宗族械斗、土客矛盾，也是围屋发生发展的一个重要因素之一。客家人受先祖士族门阀观念的影响，加之自身的坎坷历史，遂形成了一种重家族讲宗亲的传统。这也是客家人在辗转千里再三迁徙中，赖以生存、不被同化，发展壮大的一个重要原因。但同时也使他们养成了好讼斗狠的恶习，为了本姓氏宗族的利益，往往为些小事不惜身家性命，大动干戈，结下世仇，乃至数十上百年不解。如定南县黄、廖两姓相恶几十年不解，至民国初年，他们各自又联结他姓，展开了一场大械斗，结果历时逾月死伤数十人，并导致县衙焚毁，县城被迫从莲塘（今老城乡政府驻地）迁到下历（今定南县城）。械斗风之烈，于此可见一斑。因此，为了保家卫族，防止仇族的袭击报复，他们需要像围屋这样有完善防卫功能的居所。

四、慎终而追远，光前而裕后

客家，是移民的产物，他们的先民当年离开肥沃的中州、来到贫瘠的山区是被迫的；他们大多来自“河洛文化”之乡，祖上多是衣冠望族。因此，他们既有一种深重的忧患感，又有一种深厚的优越感。这种思想表现在行为上，如重视修族谱（家史），保持古文化习俗，说客家话（中州古音），重功名，讲礼仪等。这种意识体现在围屋民居中，便是聚族而居，尊祖敬宗，建祖厅、修祠堂，讲求风水、中轴对称，标榜门楣。

围屋民居平面主要有两种形式，一种是“国”字形平面，另一种是“口”字平面。“国”字形围屋，中心有一幢“庭院府第式”主体建筑，其中轴线上遵守礼制依次分布不同等级的厅堂，左右房屋严格对称设计，围内族民皆按照长幼尊卑分住主次不同的房屋，中轴线上大小厅堂概为共有。“口”字围，中心没有主体建筑，但仍隐含“三堂制”布局。

图4-1 钱纹铺地
河卵石不仅大量用于砌筑围屋外墙，且广泛用于围内铺地，具有耐磨、防滑、吸水等特点。它往往拼成各种花纹图案，是赣南围屋装饰一大特色。图为安远鹤子乡新围的钱纹铺地。

图4–2 歪围门
赣南人笃信堪舆，民居受风水文化影响很大。图为龙南里仁乡新友村新围的歪围门，目的是因要使大门正对前方远处的“笔架峰”。其他如沙坝围、光仪围、磐安围等，围门也是有意歪做的。

客家人是多神崇拜者，但以祖先崇拜为大，无论“国”字围，还是“口”字围，围内必设祖堂和神龛供奉先灵，遇节日或忌日，便是敬宗祭祖活动，以团结宗亲、不忘先世，家有吉凶也求祖上保佑。祖堂成为族民血脉基因的象征和围屋中的圣殿。因此，祖堂是围内最重要的核心建筑，其体量规模、装修装饰档次，其他房屋均不能逾越。这反映了客家人强烈的凝聚力和向心力，也体现出他们思想深处“慎终追远”的心态。

作为移民，最懂得丧失家园颠沛流离的艰辛，渴望重返故土、重建家园的愿望也最强烈。当第一代移民感到重返故土无望，决心就地创家立业时，他们便将所有的希望留给了后代。客家民居是一种组合拓展性民居，从其简单的一明两暗房，逐步发展到两堂两横、三堂两横，直至九井十八厅大房屋，无不体现其成组向前、向左右不断扩展、延伸的特点。如东生围，便是先由一座普通三堂两横屋，随着主人财力的增加，逐渐向前后左右扩展到现在这个规模的。江东围是小围外又套一方大围，也是逐步扩展的结果。因此，此模式在选址开基做起第一栋房屋时，其前后左右便成了它今后考虑拓展的势力范围。客家人也常因宅基拓展问题发生纠纷，乃至宗姓械斗。这种拓展性，正反映了客家人希望子孙发达、开拓进取、不断向前的心愿。故罗香林在其《客家研究导论》中论客家建筑称："客家因受礼教影响，于族统最为注意，南来后，又以与主户或土族、不相融洽，时起纠纷，以为非族大人众，互相守助，不足抵抗外侮、竞争生存；唯其有此环境，故……地基必求其敞，房间不求其

图4-3 古氏炮台民居门榜
客家民居流行"门榜"风气，即在大门上书铭其祖先的"嘉德懿行"，用以荣宗耀祖、激励后代。图为寻乌县中和村古氏炮台民居门榜，就在这个"司马第"里，还真出了个25岁便任中央红军总前委秘书长的古柏。

多，厅庭必求其大，墙壁务极坚固，形式务极整齐。”

图4-4　中院围祖堂
客家人是多神崇拜者，但以祖先崇拜为大。因此，祖堂是围屋民居的圣殿，是族民血脉基因的所在，是围内不可缺少的最重要的核心建筑。图为全南县中院围的祖堂。

为了使子孙能兴旺发达，光宗耀祖，赣南民居的主人们还十分讲究堪舆、笃信风水。造房选址动土、落石脚、安门上梁、竣工迁居等，都要延请风水师察看定夺。赣南也因此风水名流辈出，风水学上的“杨（筠松，又名救贫）曾（文辿）廖（瑀）赖（文俊，又名布衣）”四大杰出“神人”，皆出自赣南。据《古今图书集成·堪舆部·名流传》统计，内录115人，载明何处人氏者59人，其中赣南籍的便占24人。因此，赣南民居受风水文化影响很大，建筑设计为风水师所左右。杨村赖氏族谱中，作于乾隆四十四年的《东水盘石围记》开宗明义：“昔我祖景星公相厥土、览四面之

图4-5 围屋祠堂
“国”字形围屋内，中轴线上必定是祠堂。它是围内最神圣的地方，也是举行最庄重、最欢快活动的地方。因此，其体量和装修档次，其他房屋不能逾越。图为杨村河边围祠堂。

方位，诸山丛秀，取中石砥柱，二水合流。爰是而筑居焉，名曰：‘盘石围’。”围屋中我们还看到一些歪门异石等不可理解的建筑现象，往往是因求风水使然。

慎终追远、光前裕后的思想，还体现在盛行门榜风气上。所谓“门榜”，即书榜其门，在大门上书铭其祖先的“嘉德懿行”、名门高第或昭示其姓氏家族的渊源郡望地（祖先世居之地）和先贤能人之后，也就是堂号、堂联之属，用以标榜门户、荣宗耀祖。如曾姓便书“三省传家”、孔姓“尼山流芳”、刘姓“校书世第”、谢姓“乌衣世泽、宝树家声”、黄姓“江夏渊源、春申遗风”，还有书“大夫第”、“司马第”等内容的。其中一些虽属附会，不乏有诈，但以此为风尚。围屋民居，多题在围内祠堂大门上。

五、家堡合一，宗法治围

图5-1 龙南关西新围一侧
可以想象，在冷兵器时代，住进这样“早已森严壁垒、更加众志成城”的围屋内，就是“敌军围困万千重”，也是“我自岿然不动”。图为龙南关西新围一侧。

围屋，是集祠、家、堡于一体的民居。其中“堡”又是这类民居最显著的特征，祠和家均在“堡”的保护墙之内，并服从“堡”这个大局，对他们来说，追求生活功能的舒适，远比希望生命财产的安全次要。因此，偌大一座围屋，往往只设一道围门，没有外窗的房间如同穴居，狭小的围内空间，人畜共处，几乎微缩了农村生活的所有。起居可谓相当不方便。

为方便防卫，围屋中间楼层一般为居室或贮藏间，并设有环行内通廊。底层多作客厅、厨房、杂间。顶层专作战备用房，其外墙墙体至此分作两部分：一部分外皮墙体继续上砌作檐墙，另一部分内皮墙（约占外墙体的三分之二）则作环行坎墙走廊（闽南圆土楼称此为“隐通廊”），使整个顶楼也贯通一气。一些战备设施也多在此楼，如监视望孔，外小内大的枪炮口，夜战时放灯的壁龛等。为了战时便于统观全局，外监内控，指挥救援，四周围

图5-2 围内小四合院/上图

客家人极重礼制，围内族民皆按长幼尊卑分住围中的主次不同的房间，图为杨村乡乌石村新围内宗祠侧的一个小四合院。

图5-3 燕翼围排污口/下图

燕翼围墙厚围高，地面上下五尺都是用麻条石砌成。为防长困久围，围内不仅有水井和一口贮藏粮食的井，而且在顶楼和底楼四角处，还设有排泄污便的通道。图为距地表约40厘米高的排污口。

屋的楼层或高度必高于围内的宗祠建筑，四角炮楼又大多比四周围屋高出一层。此外，围屋设计者们还考虑到被敌人长困久围时，能保证坚守足够时间的设施。其中水和粮是防围困最重要的物质条件，因此，视围屋大小不同，围内必设一至两口水井；并安置了专门的贮藏室和囤粮间，在一般民居中很少见有功能这么明确的用房。据传，龙南有些围屋内墙面是用可食用的蕨粉粉刷的，围久缺粮时，便剥下墙上蕨粉充饥。而燕翼围和寻乌的炮台围子甚至还设计了遇围困时，往外排泄污水粪便的通道。可以说，在冷兵器时代，住进这样的围室内，既安全又有足够的水源粮草，任他“敌军围困万千重”，也是“我自岿然不动”。

围屋一般是由某一父系成员所创，住在围内的人都是他的血脉后裔。时日一长，围内自然“生齿日殷、萃处稠密”，其间或有能者播迁出去再造围屋，但毕竟有限。这就给围屋居住者，尤其是像东生围、江东围、新围等这样住几百号人的大围，围内人畜混处，吃喝拉撒、生老病死、玩耍娱乐均在围内，带来了如何管理的问题。“父系氏族制”、“宗法制”是维系这种聚族而居民居的思想基础。他们家有户长，房有房长，族有族长，此“三长”均由民主选拔，五年一任，候选人多为德高望重、办事公道、有一定资产者。他们分级管理属于自己职权范围内的事如：敬宗祭祖、山田水利、公共产业、教育营造、红白喜事、处理族内外纠纷，以及管理好各自的围屋。围内诸如公共厅堂、通廊、禾坪、环境卫生、防务

图5-4 围拢屋式围屋

乌石村盘石围，是座建于清初的围拢屋式围屋，它与粤东围拢屋最大的区别是：有楼层和角堡。它的水井位置也不同于一般围屋设在前部，而是设在后部弧形坡上。

纠纷等，均由围主按家规处理。因此，围屋内各守其职、遵其制，安其业，得以秩序井然，此皆仰宗法族长制之功。据访，龙南杨村赖氏的最后两任族长是赖驳兆和赖任珠，20世纪60年代初，他们还为光仪围的族民赖永强主持婚礼。

常言“家有家规、国有国法”，这种“家规”在聚族而居的大家庭里，就更显重要和突出了。围屋居民不仅有严厉的“家规”，且一般都有严格的“围约”。有的是约定俗成，有的是祖训家教，有的则勒石竖碑。如龙南武当的田心围，在祖堂侧墙上便嵌有一禁碑，其中内容有：“祖堂乃先公英灵栖所，永禁堆放竹木等项；天井丹墀永禁浴身污秽；围内三层街坪巷道乃朝夕出入公共之路，永禁接檐截竖及砌结浴所、猪栏、鸡栖等项；围外门坪斗堎、永禁架木笠厕，蔽塞外界；围屋墙壁，永禁私开门户损坏围垣。”此碑刻于乾隆二十七年（1762年），乃是有感而立。该围是座围拢屋式的四重围屋，现住有900余人，至今围内井然有序、巷道通畅，环境较好。

图5-5 利用围屋炮楼砌的水塔/对面页

居住围屋的时代成为过去。幽暗、闭塞、嘈杂的围居，跟现代人的生活毕竟大相径庭，因此，大量围屋被废弃、拆毁，仍使用者也大多遭改造，如朝外辟窗增门等。图为龙南城边一座利用围屋炮楼顺势增砌成的水塔。

随着族长宗法制观念的逐渐松弛，乃至解体消亡，围屋也就出现无政府状态，部分围屋甚至住进了他姓别族。因此，我们现在所见围屋很多是人丁爆满，房间拥挤不堪，柴草、农具杂物、破旧家什乱堆乱放；公共场所、公共通道乱占乱用；人与畜争夺生活空间，环境不可不谓恶劣。加之随着社会的前进，围屋的功能也就显得多余和不便，而受到新住屋的挑战。

六、有限的空间，无限的情感

图6-1 围屋壁画
镇岗乡磐安围，自20世纪40至70年代初，先后为乡村机关占用，因此，留下许多这一特定历史时期的宣传标语和壁画。

在很长的时期内，围屋的居民，男人之间都以叔伯兄弟相称，女人间都是姊妹婶侄关系。迈出自家房门，仍是“大家”，走出围门方离开了“家”。他们日出而作、日落而息，业余时光大多消磨在这种封闭式建筑的大家庭里。山区农村生活单调机械，夜间寂静无奈。因此，空闲时光串门聚会，是他们感情交流的主要方式。围屋这种聚居形式的建筑，便为这种感情的宣泄大开方便之门。

中轴线上的大厅或祖堂，是围内人们的重要聚集地。每当春节期间，便将本族的祖宗像挂出，供族人瞻仰参拜，大年初一上午，各户男家长领着自家的男丁，携带上一壶自家酿造的米酒和一盘自制的点心，来到大厅，略按辈分排坐，大家济济一堂，饮酒品果相互团拜。妇女们则在下午或次日，也是自备桌凳、带上自制的干果和擂茶，聚在下厅或偏厅团拜戏闹。其余时日，遇红白喜事、商议重大事情或

图6-2 门厅

门厅，是整个围屋的出入口，也是安危所在。门厅内布置有固定的石块、长凳或长方木以备坐，是平常围民们劳余饭后聚会的主要社交场所。无论您什么时候访围屋，门厅总是有人，若来生人，他们便会“笑问客从何处来”。

举行祭祀仪式等，也是聚在大厅里，同欢共悲，缅怀先祖。但平时人们最爱聚集的地方是门厅，无论你任何时间去访围屋，总会发现门厅有人在此闲坐，尤其是夏天门厅两边常摆着些巨石长凳、树筒方木备坐。这可能跟围居者的条件、传统和心理有关。围内住宅光线暗淡、空间有限，大厅虽然宽大但气氛较庄重，且光线空气也不好。因此，人们希望找个空气光线好、视野开阔的地方释放一下久住围内的压抑。此外，门厅是整个围屋的出入口，也是安危所在，通过进进出出的人，在此可以交换了解到一些内外情况，来个生人也可盘问鸣警。因此，过去当青壮年下地干活时，围内的老人妇女往往就带上孩子或针线活，放下门插，聚坐在门厅内，边干活边肩负起围屋安全的责任。久而久之，门厅便成为居民平常随意聚会、感情交流和言传身教的主要社交场所。

图6-3 防火山墙上的翘角饰兽

许多“国”字形围屋，若除去四周方框，便是一幢南方常见的“府第式”宗祠民居。它一般高两层，两端用砖砌防火山墙。图为盘石围内防火山墙上的翘角饰兽。

图6-4 禾坪和水井
禾坪和水井，是围屋不可缺少的设施。它是围内的市井、围民的广场。饮水思源，使一代代客家人奋发图强，在逆境中图生存、求发展。图为关西新围祠堂前的禾坪和水井。

围中空间是极为宝贵的。禾坪或小院是围内唯一的阳光地带。农家生活，浆洗晾晒的东西多，都需要它。同时，禾坪还有利于调节围内拥挤的生活，让人有个舒展、活动、喘息的地方。因此，禾坪是围屋民居不可缺少的一个公共的户外空间，围屋设计者几乎都注意到要留出或争取出一块禾坪来。如汶龙乡耀三围内的府第式堂屋占用后围屋位置，以留出厅前的一块小禾坪来；东生围内的空间用完，便在门前再围起一块弧形门坪；而“口”字围，则更是因要保证中间这点阳光地，才不做房子。禾坪自然也是居民公共活动和感情交流的主要场所之一，尤其是妇女们，她们利用在井边一齐洗涤、坪上一同晾晒之机，互相帮助、互相倾诉、互相友爱。

图6-5 耀三围檐墙上加砌女墙的剖面图

耀三围，由于祖堂占用了后排本该属于围屋间的位置，使后部的高度少了一层，为了使高度和攻击力跟其他三面墙一样，便在后檐墙上加砌了一道相当一层楼高的女墙。这种增加制高点和攻击力的做法，在全南县围屋中最为常见。

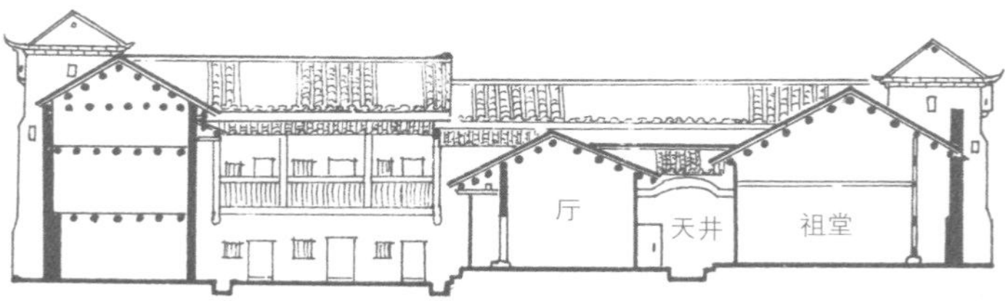

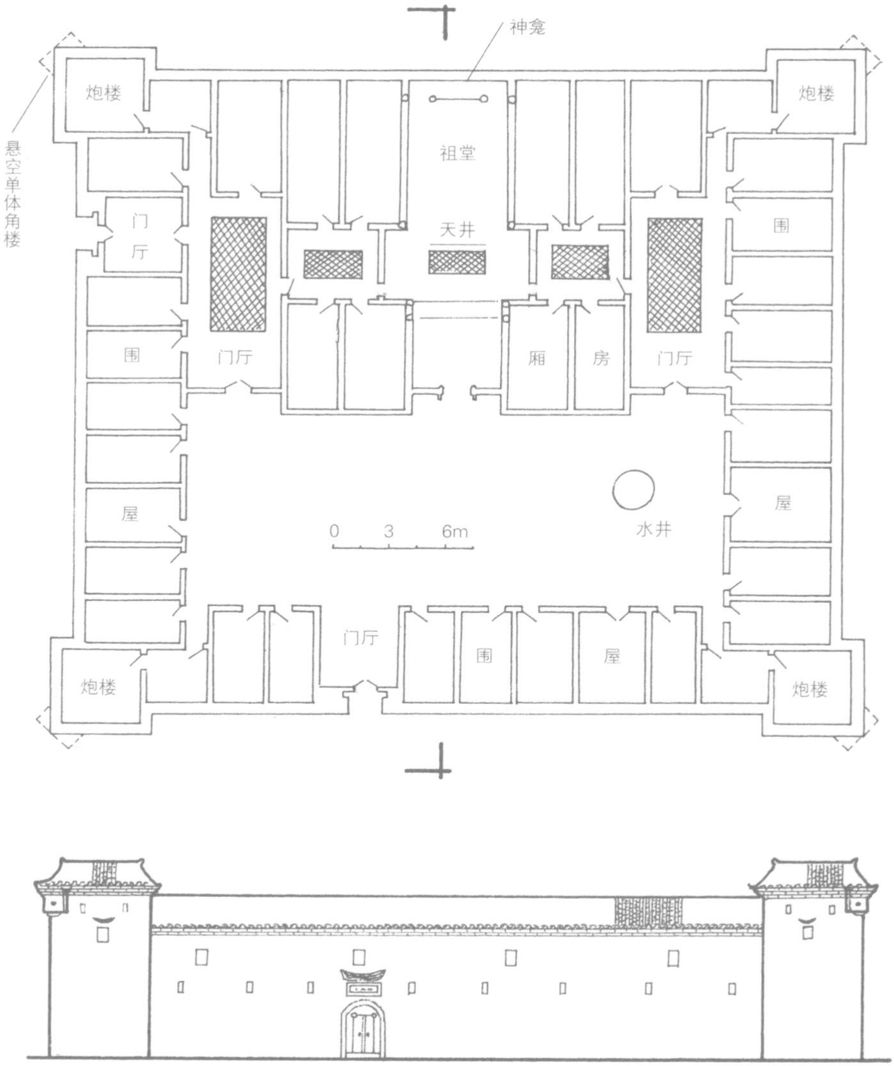

图6-6 耀三围平、立面图

汶龙耀三围，建于1914年，是由王光耀、王定耀和王青耀三兄弟合建的，故名。它与一般围屋平面不同，为争取围内有一块适当的自然空间，它的祠堂建筑占用了后排围屋位置，使之在空间利用上，显得更为经济合理。

南方气候湿热，雨水多，民居一般用悬山屋顶。围屋因防御的需要，故外檐多采用硬山，但内檐及围内建筑均采用悬山。因此，围屋内各层一般都设有一米宽左右的通檐廊，若是“国”字形围，便有通廊与中心建筑互相沟通。一座围屋内，走廊四通八达，连为一体，故生人走进一些较大的围屋内，常因其廊回路转，左拐右弯，而有不知所进所出之感。遇下雨天，围内相互走访，大大增强了围内人们之间的交往和亲情，充分反映出他们是“一家人”的关系。儿童们也因此不孤单，复杂的房屋布局，成了他们玩捉迷藏等游戏的乐园。

所以，围屋虽然将各户的生活空间围小了，但公共空间却增大了；围内自然空间虽有限，而情感空间则是无限的。

七、取城堡之形，融土楼之华

赣南围屋与汉末两晋中原流行的“坞堡”（即“坞壁”），有令人吃惊的相似之处，因此，人们很自然地认为它是围屋的原型。如前所述，围屋出现于明末清初的赣南南部，而当年中原汉人因“永嘉之乱”、“安史之变”、“靖康之难”被迫南迁，本是无目的性的，成为客家始民的那部分人，经数十百年以上的沿途盘桓、波浪式推移，来到赣南、闽西北部县区的。可是，在这些县地，以及中原南迁沿途民居中，却不见或不流行坞堡式围屋。按说若使用结构如此坚固的围屋，保存下明代前后的围屋是完全可能的。然而，自汉晋的坞堡到明末清初的围屋，这一千余年的时空空白，目前尚难圆其说。其外貌何其相似乃尔，是否可暂假设为：由于当时人文和自然条件与盛行坞堡的年代相似，从而唤起人们一种共同的潜意识迸发，就像欧洲中世纪也流行庄园城堡而不必

图7-1 坞堡

围屋与汉晋的“坞堡”有令人吃惊的相似之处，于是被视为源流关系，但自汉末至明末这千余年的时空空白又尚难圆其说。就像中世纪的欧洲也流行庄园城堡，而不必考虑与坞堡有关一样，也许是人类为适应类似生存环境共有的一种潜意识迸发吧。（图据《广州汉墓》照片临摹）

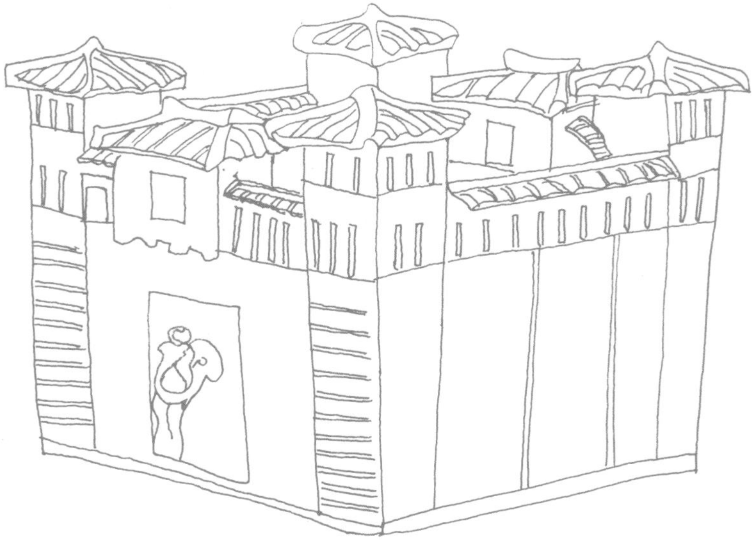

图7-2 赣南围屋的顶楼

赣南围屋的顶楼，多有利用外墙体本身多余的厚度，设一周坎墙走廊，这是围屋中一项如同“战壕”似的专用军事设施。无独有偶，这竟与闽南圆土楼“隐通廊”的做法如出一辙，可见赣闽间的围楼民居，有着千丝万缕般的关系。

图7-3 定南县下岭八东排围/前页
定南县的围屋不同于他县，其大部分围屋都是用黏土夯筑而成，与闽西土楼的差别，几乎仅在于多四个角堡。

考虑是否与坞堡有关一样。但下文两个现象我们不能不注意：

明末清初，官府为了对付“三南”、安远一带屡治不平的“盗贼”，采取的办法是设“巡检司城”（由武将充任、隶属州县指挥，专职镇压反抗斗争的军事机构）和增设新县城。自明嘉靖年间始，先后在安远、龙南、会昌县分别设置了黄乡司城、下历司城、羊角堡司城。以后又增设了定南、长宁（今寻乌县）和全南县，后又在这些县属下设置了高沙堡土城、新坪司城、观音阁城等。这些小城都是方的，或土筑或砖砌石垒，一般只设一二城门。如黄乡司城：“周围一百二十五丈，高一丈五尺，雉堞二百有零，门曰：‘镇定’。”其周长仅略大于关西新围。观音阁城：“周围二百二十五丈、高一丈五尺，宽阔九尺；辟门二，城楼二座”，也只一般村围大小。筑城堡有利于镇防“盗贼”，那么，官行民效，百姓为了同样的目的，自然会联想借鉴司城形状造围屋。这些小城堡出现于明代中晚期，在赣南又仅见于“三南”，安远一带，这与围屋发生的时代背景、分布区域是相吻合的。从围屋的状貌看，大围两门、小围一门，这与司城也是一致的。变城楼为围屋角堡、变城墙和雉堞为围屋房间和枪眼，这也是作为民居的围屋，考虑经济周到，便于生活的结果。

众所公认，赣闽粤客家围楼民居，是属同种文化性质下的不同建筑类型。从目前的调查研究资料看，闽西南的土楼，似乎年代要略早

图7–4 盘石围

盘石围，是座典型的围拢屋式围屋。它既有前方后圆、前低后高、门前设禾坪、照壁和半月形水塘的围拢屋特征，又有全封闭式、屋角建炮楼、楼层设通廊的围屋特征。可见赣南围屋与粤东围拢屋关系之密切。

些，嬗演关系也清晰些。据刊，闽南华安县沙建乡的“齐云楼”刻石纪年为“大明万历十八年（1590年）、大清同治丁卯年吉旦重修”。同乡的“升平楼”纪年为“万历二十九年”。另据《中国文物报》第33期报道：漳浦县发现四座明代纪年土楼，两座为明嘉靖年间，另两座为隆庆和万历年间。赣南部分角堡不出顶的围屋，同闽西方土楼在建筑构造和造型上是基本一致的，尤其少量生土围屋和没有角堡的围屋，更是如出一辙。围屋的一些细部构造同土楼也是同工同曲。如围屋普遍采用的坎墙“隐通廊”和环形“内通廊”的做法、灯龛的布设、围门的构造，乃至门顶水槽的设计等，都与闽南圆土楼的手法一致，其文化关系同源不言而喻。

据调查，现在“三南”安远等县的客家人，85%以上都是明末清初，闽粤客家回迁入赣的后裔。我们多次提到的杨村，现有四万余人口，是龙南县最大的乡镇，也是围屋最多的一个乡，原是杨姓人开基建村，故名。但现在执掌杨村的三大姓是赖、廖、许，他们的先祖全是明末清初自福建迁来。其余次要姓尚有叶、林、任、蔡等，唯独没有杨姓（嫁来的除外）。闽粤客家返赣始于明后期，规模最大的一次移民是清初。明末赣南经过激烈的扶明抗清战争后，清初已是人少地旷。清政府为了对付沿海的抗清残余势力和在台湾的郑成功，曾先后两次发布“迁海令”，迫使沿海三五十里内的居民内迁，这其中难免有闽南的移民直接迁到赣南。康熙年间在对郑氏的征战中，又多

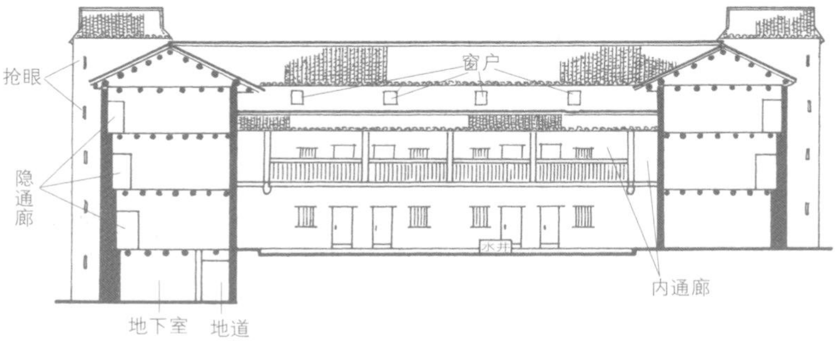

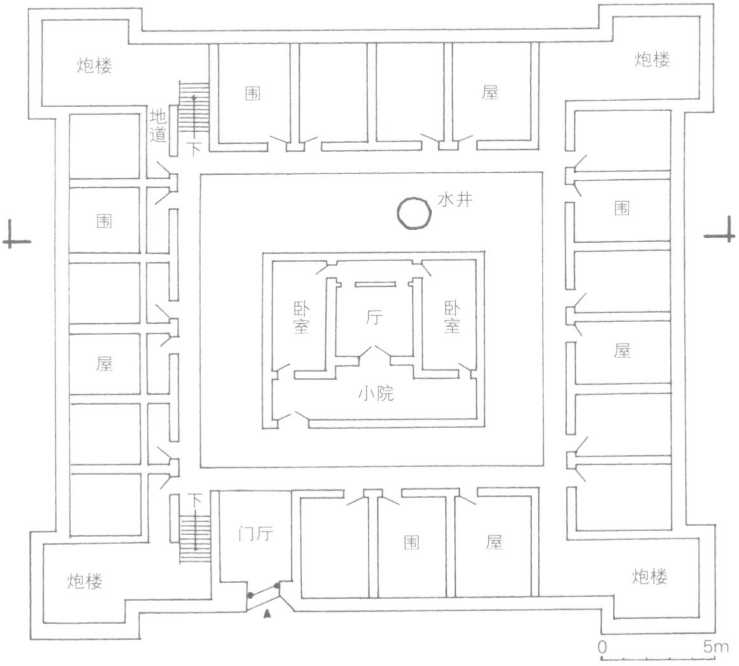

图7–5 里仁沙坝围剖面图和平面图

赣南围屋外墙体的收分有两种形式，一种是层层收分，如上图和耀三围；另一种是至顶层一次性收分成坎墙通廊，如燕翼围、丹林围。这两种形式在福建土楼中也有应用，可见它们间是同一建筑文化关系。

次将臣服的将士和俘虏填入赣南屯田，这其中自然又有不少原是在闽西南坚持和加入抗清斗争的籍民。这些来自闽粤的移民，虽然始初只能接受“棚民”的称号，暂住简易房屋，但他们所怀原乡的建筑技术，却可通过不同形式展示出来。赣南因此兼容并蓄，得到一次博采众长，熔各家精华的机会，遂形成赣南围屋这一建筑特色。

值得一提的是赣闽粤疆界相连，自然移民应有双相或多相的因素。因此，若论围屋与土楼和围拢屋之间的关系，基于它们产生和流行的时代大体相当，应该是：你中有我、我中有你。若要比较它们间的优劣，恐怕只能说：分庭抗礼、各领风骚。只有将三者融为一体看，方能相得益彰，成为中国传统民居中一颗璀璨的明珠。

八、杨村燕翼围

杨村燕翼围

图8-1 燕翼围全景/前页
围屋，当地人又多称“水围”。“水”可能为“守”之音转，是从其功能特点上命名的。图为燕翼围全景，因它高于周围其他几座围屋，故当地人都称之为“高水围”，若称燕翼围，他们反觉生疏。

燕翼围，俗称“高水围”，是座“口”字形围屋。位于龙南县杨村镇圩上，北距县城约60公里。围屋占地面积约1440平方米，高四层约15米。底层外墙厚1.45米，系“金包银”形式，即墙外皮30厘米用砖石，内用土坯砖，下部墙壁用大条石砌成。

围门上装饰门罩，匾额上题“燕翼围”三个行书字。围门三重，第一重是包铁皮的板门，门顶有两个防火攻的漏水眼；二重为闸门，三重是便门。进围为门厅，有大板楼梯通往二层和三层，二、三层均设1.2米宽的内通廊，并四周连为一体，成为环形走马楼式样；

图8-2 燕翼围门罩装饰
据说俯瞰时，因对角凸出的炮楼形状，如同展翅的飞燕，故题是名。为使平坦高大的墙面有点变化，并将墙面雨水引开，许多围门上面都有门罩装饰。

图8-3 燕翼围各层用途

燕翼围四层楼，中间楼层为贮藏室和居室，并设有环形通廊；顶层是战略用房，底层是人畜的主要活动地，多作客厅、厨房、杂间用，一般一家占一至四层各一间。

四层为战备用楼层，从门厅和祖堂的三层有移动式爬梯可以上去。四层外墙隔一定距离设枪眼和望孔，其墙体厚度的三分之二内侧墙体（即土墙部分），作为隐通廊过道，宽90厘米，外侧的砖墙部分至屋顶。每间有门连通。四层内立面不设檐墙，以便作战时互相声援，中段做一道披檐，使围屋成为内重檐外硬山形式。顶层和底层还设有排污通道，以备遭围困时排污之用。据说围内原有两口井，一口为水井，另一口为贮藏蕨粉的井，今已填平并建了两排小平房，水井改挖在围外。

图8-4 燕翼围纵剖面

坚厚的墙壁，不辟外窗如同穴居；居百余人的围屋，只有一个大门出入；四层高的楼房，只设一处固定楼梯，生活够不方便的。但在以防卫为主导思想的支配下，舒适只能退居次位。

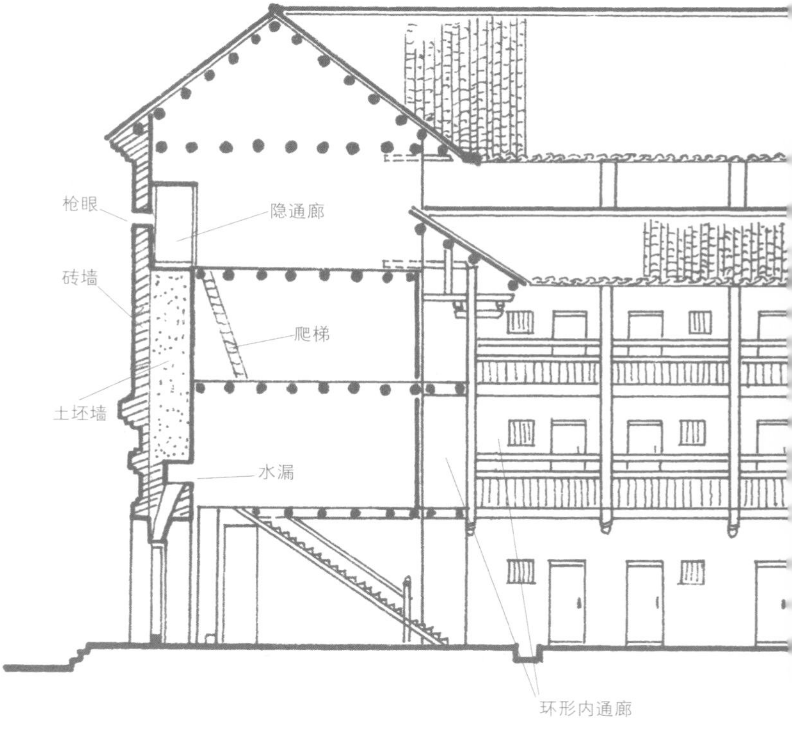

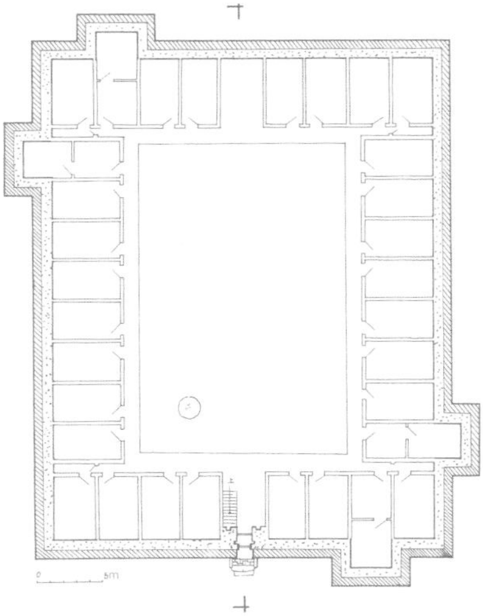

图8-5 燕翼围平面图

燕翼围，建于明末清初。其对角炮楼的平立面设计，不同于后来流行的四角和对角炮楼设计。反映了它同盘石围、西昌围、田心围等早期围屋，在开创时期的无规律性。（根据黄浩等《江西围子述略》重绘）

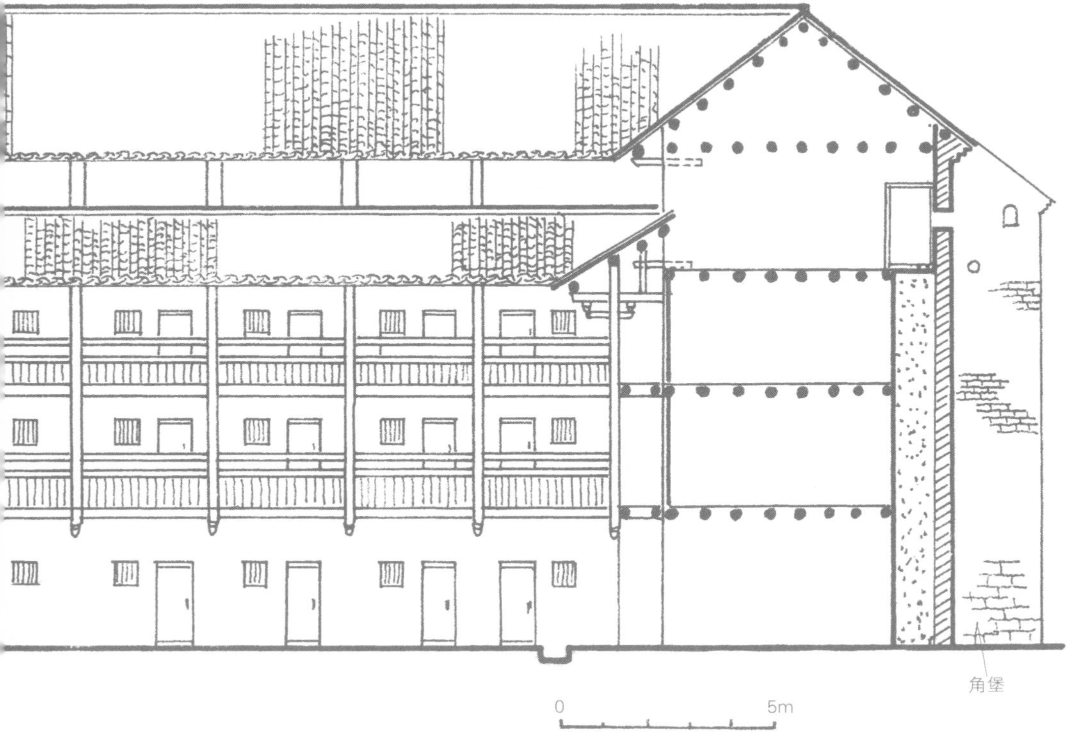

据访现年70岁的乡绅赖镜坚说：燕翼围创建人为赖上拔，字福之，他有三子，长曰赖从林，承父业共建燕翼围；次曰赖德林，创建“允藏围”，但在20世纪60年代末被拆毁；三曰赖衡林，此人未及婚礼而夭折，其未过门媳妇便来赖家守寡，并从宗室过继两养子。待其两兄分别建起围子后，她便讨要了些余料，兴建了“光仪围”，此围1945年被日机炸塌一边。三座围屋成鼎立状分布，体量依次递减。相传明末崇祯年间赖上拔因做木排生意积攒了600两银子，附近土匪意欲打劫，他闻讯便躲避在黄塘村廖子敬的围子里，不料廖也见财起异心，结果误杀了他的长工赖牯仔，赖上拔却得以脱逃，并下决心回杨村建围屋。但据族谱载为因明末清初时，广东盗贼洗劫过一次杨村圩，故于清顺治五年（1648年）建围以御敌。

又说：1941年蒋经国先生微服访杨村时，曾参观燕翼围说：“此为封建堡垒，但应保护下去，不要拆掉。”1945年日军侵入杨村时，燕翼围内只留下了四人看守，日军用枪托撞击了一阵紧闭的围门后，便无可奈何地走了。

九、镇岗东生围

东生围，当地称：“老围”。位于安远县城南20公里的镇岗乡老围村。距公路和乡沼地均在半公里左右。是座“国”字形围屋，初建于清道光二十二年（1842年），落成于道光二十九年。是座有五扇大门的“三堂两横式”两层楼民居。同治五年（1866年）始，又在此屋的左右和后面各扩建一幢围屋性质的三层楼屋，将正面内层楼改建为三层楼，与新建楼连成一体，大门增至七扇，并在四角筑起四层高的炮楼，于是成为现在的围屋形状。由于该围是由当地常见的那种府第式民居逐步增建而来，因此，它的七扇大门裸露于外，围内的室外空间也几乎没有，这与赣南其他预设性围屋不同，显得功能上有欠缺。于是，不久又在正门照壁外，增建一组弧形附属建筑，将门坪和积水池圈在围内，并在北面建一门楼式总门，成为赣南围屋中的一个特例。

围屋创建人陈朗庭（1785—1874年），字开月，农民出身，未曾入学。同治九年（1870年），因进贡皇清岁银缴库有功，诰封二品武功将军衔，其妻孙氏也诰封二品夫人。有兄弟

图9-1 东生围全景

东生围其周围尚点缀有尉庭围、磐安围、尊三围和德星围。这些围屋簇拥着东生围，如同众星拱月似的形成一处围屋群。

三人，他排行老二，长子曰陈尉庭，在东生围后侧建有一座生土围，地方称“尉庭围”；弟陈宪庭没有后人在当地。孙氏生有五子，长子步峰，次子步高，俱授二品；三子步青例贡生，五子步升都司衔。按照长子不离基的宗法制，次子和五子分别另建“磐安围”和“尊三围”，这两座围位于东生围前左右两侧，成鼎立之势，大门均朝东生围开，以示不忘根本。磐安围，俗称“河坝围”，是座大围包裹小围的围屋，现保存基本完好。尊三围毁于1933年。东生围长94.4米，宽73米，若将门坪及其附属建筑加在一起算，总共占地面积为10331.6平方米。围内居民系陈朗庭长子和三子的后裔，尊三围遭兵火后，其幸免于难者，亦移居东生围。因此，现围内共居有五个村民小组，77户300余口。

东生围高9.3米，炮楼高13米，底墙厚1.3米，墙体亦采用“金包银”砌法。围屋大门门额上砖雕“东生围”三楷书，左右两侧大门额上也分别题有“敦行”、“承家”楷书砖雕。围内共有199间房，尚不含厅堂，称为“九井十八厅”屋。内部巷道环绕、纵横交错，阶沿和露天巷街、天井皆用河卵石铺砌，所谓“晴天不暴日、雨天不湿鞋”。围内各横屋间和围屋间均无细部装饰，其装修主要在总门门楼和

图9-2 东生围平、立面图/对面页

实力的较量，使围屋越做越大，东生围经多次扩建，有199间房，总面积达一万余平方米，成为赣南最大的围屋之一。作为核心建筑的祠堂，被两侧横屋和四周围屋，像包心菜一样团团包裹着。

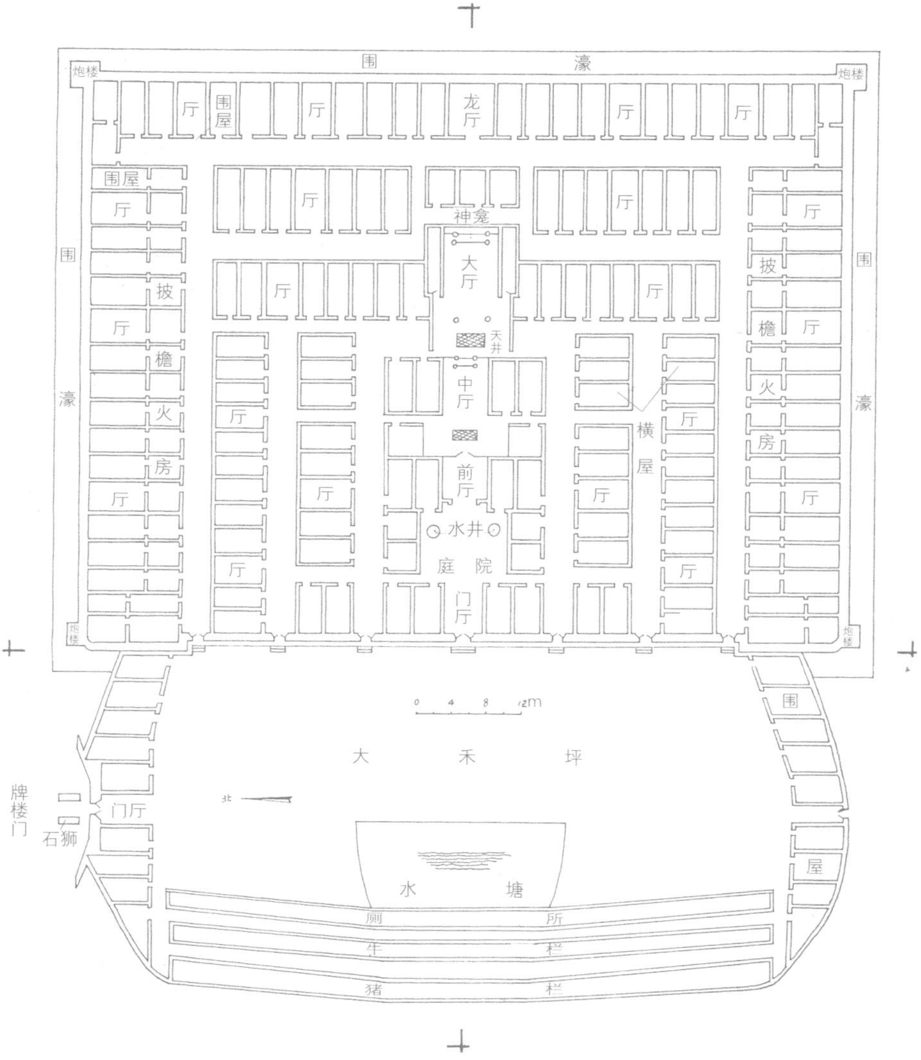
围 濠
炮楼
厅
围屋
龙厅
神龛
大厅
天井
中厅
前厅
水井
庭院
门厅
披檐火房
横屋
濠
0 4 8 12m
大 禾 坪
北
牌楼门
门厅
石狮
水 塘
厕 所
牛 栏
猪 栏

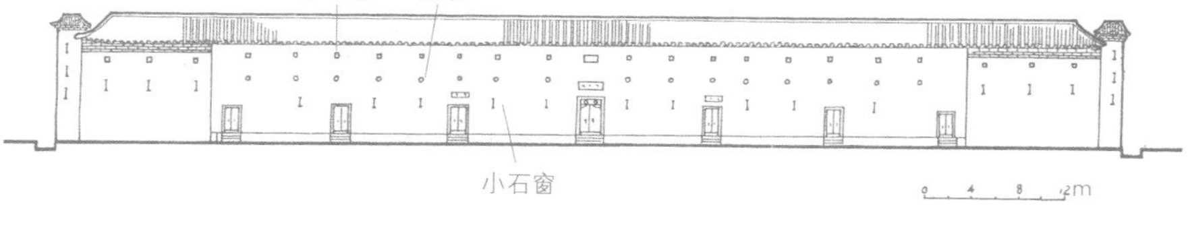
小洞窗
枪眼
小石窗
0 4 8 12m

图9-3 围屋门前的门坪

围屋自然空间极为有限，门坪小院是围内宝贵的阳光地带。农家生活、浆洗晾晒都离不开它。因此，设计者几乎都注意到要留出一块阳光空间来。图为东生围在围内空间用完后，又在门前再围出的一块门坪。

a

b

图9-4 东生围和关西新围的枪眼、炮孔

赣南围屋与闽西方土楼最大的区别是：四角建有炮楼，外墙体一般是用砖石构筑，并设有枪眼、炮孔，不似土楼一味被动挨打。图为东生围和关西新围的枪眼、炮孔。

中轴线上各大厅中。如门楼作四柱三间三楼牌坊式样，门额书刻“光景常新”，门柱书雕“光照清淑景”、“常浇物华新”对联，以及其他一些繁复的线刻和图案。总门厅和围屋厅天花板上均作有人物彩画，各大厅梁架替木、雀替，镂雕有龙凤、花鸟、花卉等图案。格扇门、窗棂都有精美的雕刻，并髹漆镏金，内容有人物故事、珍禽异兽、吉祥花草等。门额题刻有：“清辉朗润”、“树基”、“敦本”、“耕礼”、“种义”、“延禧”、“承祐”等。

十、关西新围

新围是相对老围（即“西昌围”）而言。赣南围屋多有称“新围”、“老围”者，大致围屋初创时本有自铭，其子孙强者又新建一座围屋，此便称为“新围”，原住的围便自然成了“老围”，时久顺口即使围屋有自铭名，也习惯以此别之。位于龙南县西南约20公里的某围（现为关西乡政府驻地）是赣南典型围屋中的精品，无论建筑规模还是细部构造，都卓然超群，现保存也基本完整。长92.5米、宽 83.1米，围屋高两层约7米，四角炮楼又高出一层。外部檐口皆用砖叠涩封檐，围墙下部用三合土（即石灰砂浆、卵石、黄泥）版筑，高5米，厚0.85米。为了增强其硬结度，相传土中还掺入了漏水糖、糯米饭，因此，至今坚固如初。上部墙体是用28厘米长的水磨青砖砌成，厚35厘米。

新围有东西两门，东门进轿、西门入马。平面为典型的“国”字形围，南北有一条主轴线和两条次轴线。三进三列并排，主轴线上是祠堂，皆用水磨方砖铺地，镂刻雀替、雕刻柱础；门窗所用棂格变化颇多，有水纹、一码三箭以及拐纹棂和雕花棂的不同组合形。梁架为露明造。其他次轴线上的两层楼房屋亦为青砖铺地，装修也较四周围屋房间高级。祠堂前是块大门坪，青砖铺道，正对祠堂门是一堵大影壁，并向两边延伸成隔断墙，墙后是花园、马厩、轿夫房。祠堂门前有一对俊秀的石狮，门坪两端门楼是通往围屋房和围门的出入口。四面围屋顶层，设有隐通廊和内通廊，外墙设有枪眼，北面墙体还设有覆斗状炮口。

图10-1 从花园门内外看巷道

据说徐老四娶了个苏州爱妾，为讨她欢心，建关西新围时，便仿照苏州园林建筑，修建了一座小花园，并多处采用洞门漏窗。图为从花园门内朝外看到的巷道。

图10-2 关西新围和老围全景/后页

赣南围屋多有称“新围”、“老围”者，大致初创时本有自铭，当其子孙又新建围屋时，此便称“新围”，原围便自然成了“老围”。日久顺口即使围屋有自铭，也习惯以此别之。图为关西新围（近处者）和老围（即西昌围）全景。

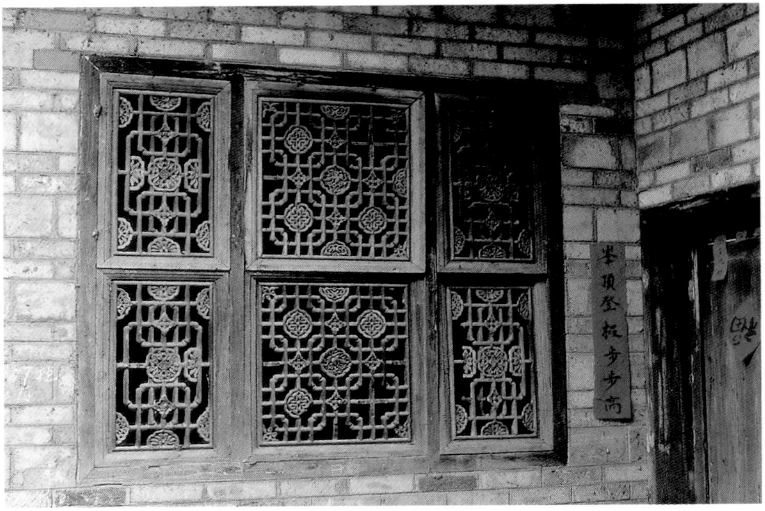

图10-3 赣南围屋装饰

赣南围屋总的说，细部装饰不算发达，但也有不少精品。关西新围门窗棂格形式，几乎没有重复，朴素如一码三箭、水波纹，复杂如雕花棂等都有使用。其他如铺地、彩画、雕刻等，都较为精致。

新围创建人徐名钧（1754—1832年），因在兄弟五人中排行老四，故后人习称“徐老四”。相传徐老四原是赌徒而浪子回头，随父做木头生意发财，后他又在龙南和赣州等地经营当铺，购置田产。大约清嘉庆年间便在西昌围（老围）的前下方，营造了这座新围。又相传徐老四，在苏州做生意时，娶了个爱妾，因此，围内的一些细部装饰、圆门、花园等设施都仿自苏州。

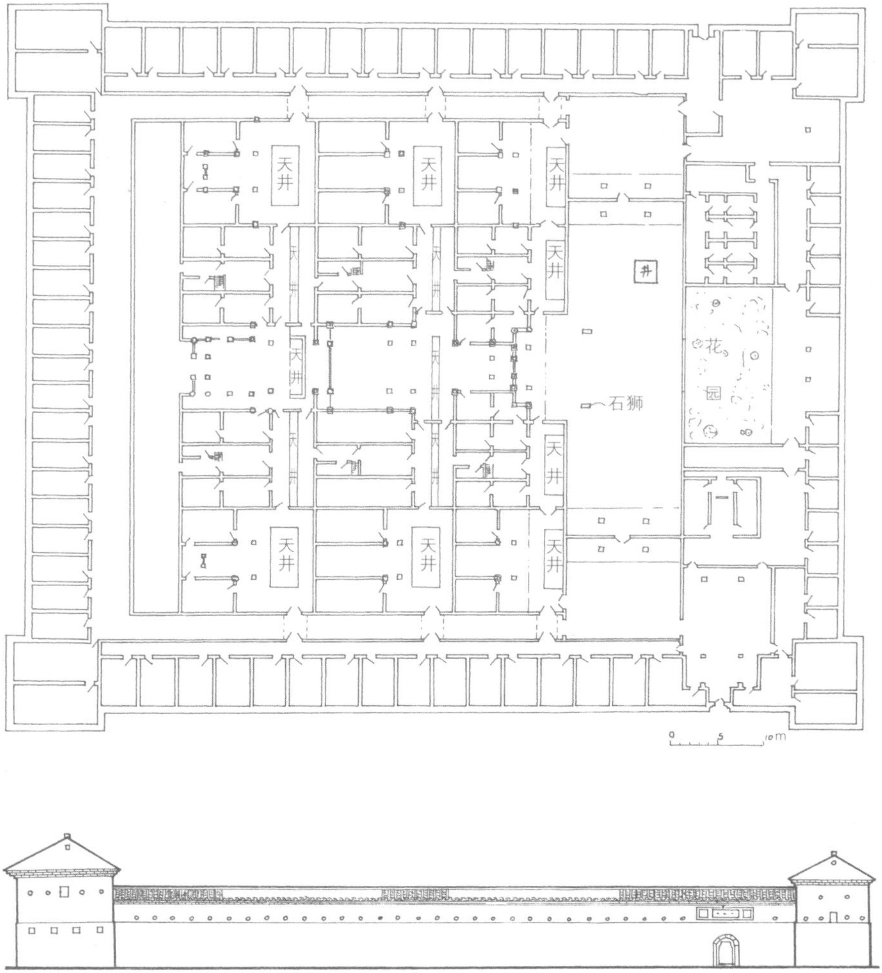

图10-4 关西新围平、立面图

古人云："居则常安，然后求乐。"关西新围，俗称"九井十八厅"大围。它不仅有坚固的防御设施，而且还有小巧的内花园、精美的装饰、考究的铺地。围内布局主次分明、虚实有致，生趣盎然。与冷峻的围屋外貌，似乎格格不入。（根据黄浩等《江西围子述略》重绘）

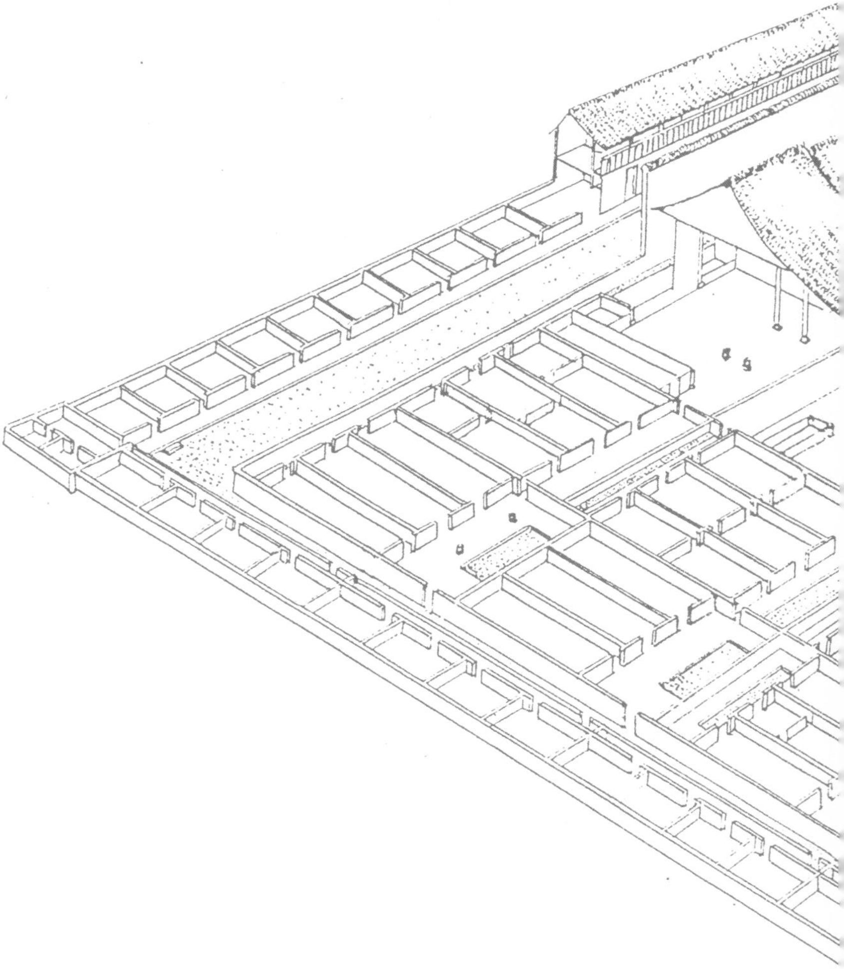

图10-5 龙南关西新围透视图（张嗣介 绘）

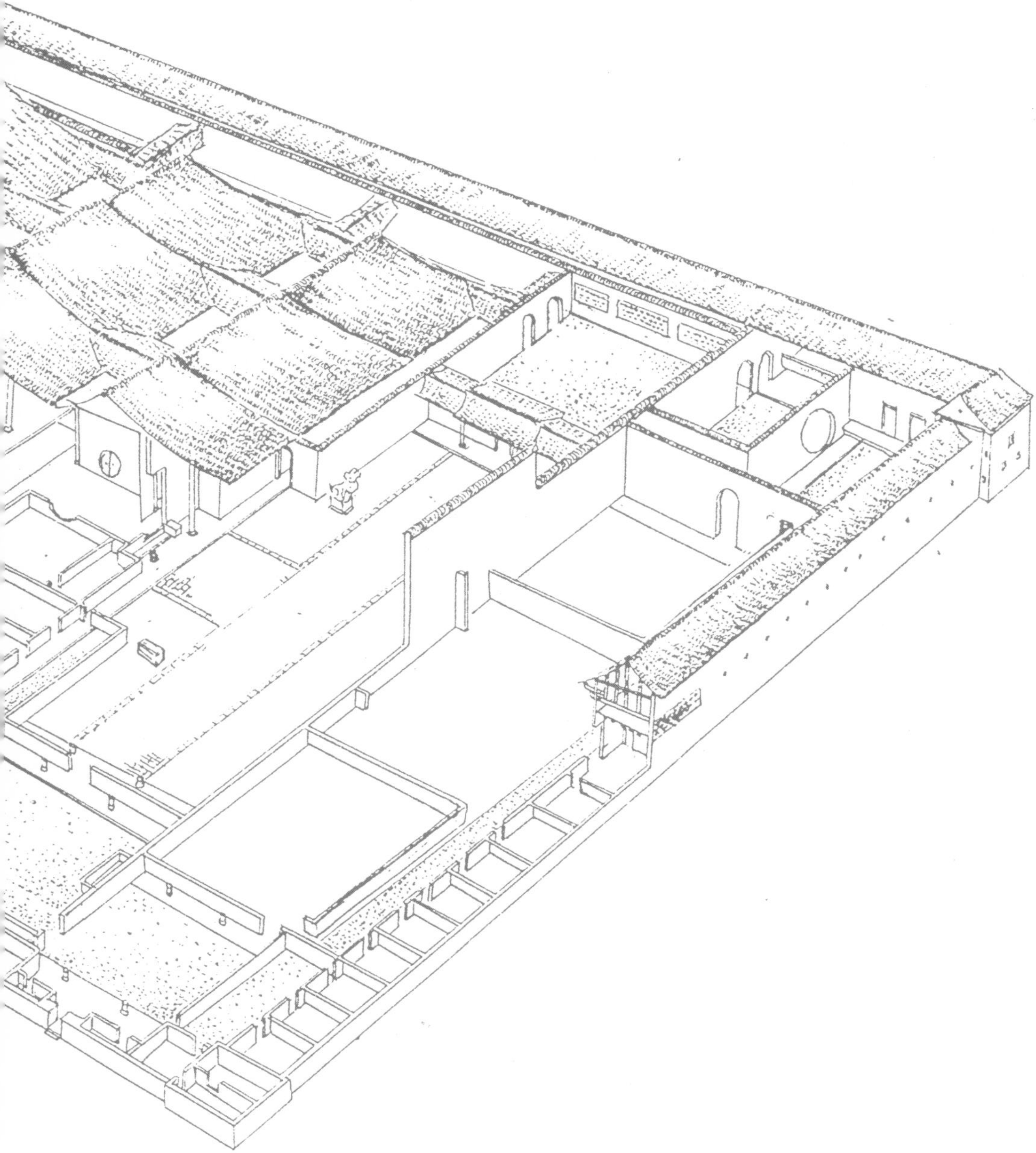

赣南典型围屋一览表

时代	地点	名称	平面形式	围墙结构	创建人	主要特点
清顺治五年（1648年）	龙南杨村镇圩上	燕翼围（高水围）	“口”字形对角炮楼围	外砖石内土坯	赖上拔	牢固雄伟，有纪年依据，是“口”字形围中的精品
清初	龙南武当乡岗上村	田心围	四重围拢屋式围屋	河卵石混合片石	叶姓	住人最多，规模最大的一处围拢屋式围屋
清初	龙南关西乡治地附近	西昌围（老围）	“国”字形无规则平面	三合土和青砖	徐日公	可与关西新围对照观赏
清初	龙南杨村镇乌石村	盘石围	围拢屋式围屋	外砖石内土坯	赖景星	围拢屋与围屋相结合的典型代表
乾隆初年	安远鹤子乡新围村	善庆围（新围）	“国”字形对角炮楼围	生土夯筑	郭舆添	对角建往外朝上凸出的炮楼，细部装饰较精美
清中期	全南木金乡中院村	中院水围	双重不规整圆围	土坯砖	黄姓	唯一的一座圆形土楼（两层）
清中期	全南乌桕坝乡太岳村	江东围	三重“口”字形四角炮楼围	砖石	袁姓	“回”字形围屋的典型代表
清嘉庆年间	龙南关西乡沼地附近	关西新围	“国”字形四角炮楼围	三合土、青砖	徐名钧	围屋中的精品，规模也是最大的之一
道光二十九年(1849年)	安远镇岗乡老围村	东生围（老围）	“国”字形四角炮楼围	外砖内土坯	陈朗庭	围屋重要代表之一，与周围三座围屋组成“围群”
道光末年	龙南桃江镇清源村	龙光围（田心围）	“国”字形四角炮楼围	花岗岩条石	谭德兴	全石构，四角炮楼成“卐”字形设计
咸丰年间	安远镇岗乡老围村	磐安围（沙坝围）	“国”字形四角炮楼围	河卵石和青砖	陈步高	大围套小围，保存完好可与周围屋比较观赏
咸丰年间	定南月子乡下圳村	百姓围	“国”字形四角炮楼围	河卵石、三合土	李姓领头	多姓合资筹建，是极少数这类围屋的代表

时代	地点	名称	平面形式	围墙结构	创建人	主要特点
咸丰年间	定南鹅公乡田心村	田心新围	“国”字形四角炮楼围	生土夯筑	叶姓	土楼形式、但四角炮楼用青砖砌成
咸丰五年（1855年）	全南乌柏坝乡池塘背村	池塘背水围	“国”字形四角炮楼围	河卵石	李姓	全河卵石构造，围顶又砌女墙
晚清	定南月子乡大屋村	福德围	随地势变化的不规则形	巨条石和青砖	李姓	利用险要的小山顶建围，易守难攻
晚清	龙南里仁乡新友村	猫柜围（新围）	“口”字形四角炮楼围	三合土夯筑	彭姓	赣南最小的围屋，每面三开间
晚清	龙南里仁乡新里村	沙坝围	“口”字形四角炮楼围	三合土夯筑	李姓	局部使用地道，是三合土围屋的典型代表
民国3年（1914年）	龙南汶龙镇石莲村	耀三围	“国”字形四角炮楼围	外砖内土坯	王光耀三兄弟	角堡上又悬挑小角堡，并利围屋后排做祖堂正屋
民国初年	安远孔田镇附近	华三围	“国”字形四角炮楼围	外砖内土坯	叶姓兄弟	兄弟合建，既分且隔，围中段也建炮楼
民国初年	金南龙年坝乡政府旧址	龙年坝围	“山”字形挑角炮楼围	青砖	陈世传	平面和构造形式不同于他围，别有一番韵味

图书在版编目（CIP）数据

赣南围屋 / 万幼楠撰文 / 摄影. —北京：中国建筑工业出版社，2014.10
（中国精致建筑100）
ISBN 978-7-112-17021-0

Ⅰ. ①赣… Ⅱ. ①万… Ⅲ. ①民居-建筑艺术-江西省-图集 Ⅳ. ① TU241.5-64

中国版本图书馆CIP 数据核字（2014）第140695号

责任编辑：董苏华 张惠珍 孙立波
技术编辑：李建云 赵子宽
图片编辑：张振光
美术编辑：赵 清 康 羽
书籍设计：瀚清堂·赵 清 周伟伟 康 羽
责任校对：张慧丽 陈晶晶 关 健
图文统筹：廖晓明 孙 梅 骆毓华
责任印制：郭希增 臧红心
材料统筹：方承艺

中国精致建筑100

赣南围屋

万幼楠 撰文/摄影

中国建筑工业出版社出版、发行（北京西郊百万庄）
各地新华书店、建筑书店经销
南京瀚清堂设计有限公司制版
北京顺诚彩色印刷有限公司印刷

开本：889×710 毫米 1/32 印张：$2^7/_8$ 插页：1 字数：123 千字
2015年11月第一版 2015年11月第一次印刷
定价：**48.00**元
ISBN 978-7-112-17021-0
（24376）